かわと生きる

上吉川祐一

かわと生きる
上吉川祐一

す・2 35

FUKUMOTO
25

はじめに

　私は皮革産業が盛んな兵庫県たつの市で生まれ育った。幼少期から皮革工場は身近にあり、河原に革を干していたり、皮を後ろに積んだ軽トラックやフォークリフトが道を走ったりしていた光景が記憶に残っている。

　兵庫県は日本一の牛革の生産地だ。主に、たつの市にある松原・誉田《ほんだ》・沢田地区、隣の姫路市では高木・御着《ごちゃく》・網干《あぼし》などが有名で、全国に流通する牛革の約7割が県内で生産されている。

　私の住むたつの市は兵庫県南西部に位置し、瀬戸内海に面している。自然が豊かで、特に里山や海岸などが美しい地域だ。北の山地から南の瀬戸内海まで南北に長い地形の中を、揖保川・林田川という2本の川が流れている。豊かな水が、しょうゆ、手延べそうめん、そして皮革というたつの市の伝統的な三大地場産業をもたらした。

他の産業と同様、革づくりにおいても水と気候は重要だ。原皮《げんぴ》を鞣《なめ》して革にするまでの工程では、大量の軟水を使用する。また、瀬戸内特有の比較的温暖で雨の少ない土地は、革を干すのに好都合だ。さらに海が近く皮革産業に欠かせない大量の塩が手に入りやすかったことも、この地の皮革産業を盛んにした要因となったようだ。

写真家として、初めてタンナー（※）の工場に入らせてもらったのは２００９年のこと。山積みにされたホルスタイン牛の原皮を見て圧倒されたが、無意識にカメラを構えたことを今でも覚えている。その後も、牛の「皮」が「革」となり、製品となっていく過程に魅力を感じ、牧場からタンナーまで、15年ほど取材を続けてきた。

牛が生まれてから革製品が仕上がるまでには、実に多くの職人が関わっている。本書を通して、そんな「いのち」の物語が、一人でも多くの人に伝われればと願っている。

※動物の皮を鞣（なめ）して革にする製革事業者のこと。

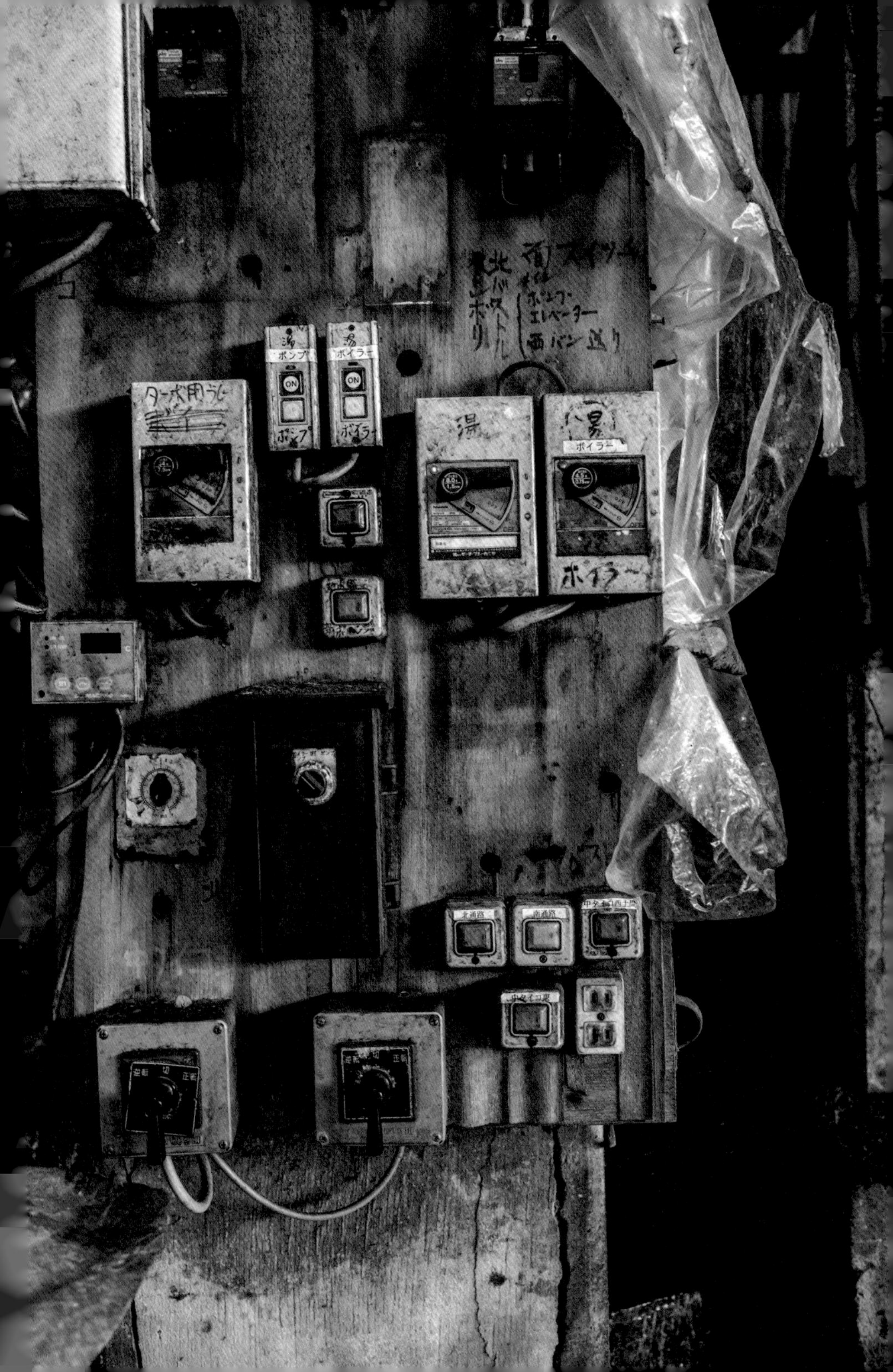

湯
ポンプ
ON
湯
ボイラー
ON
湯
ボイラー
北通路
南通路
逆転 切 正転

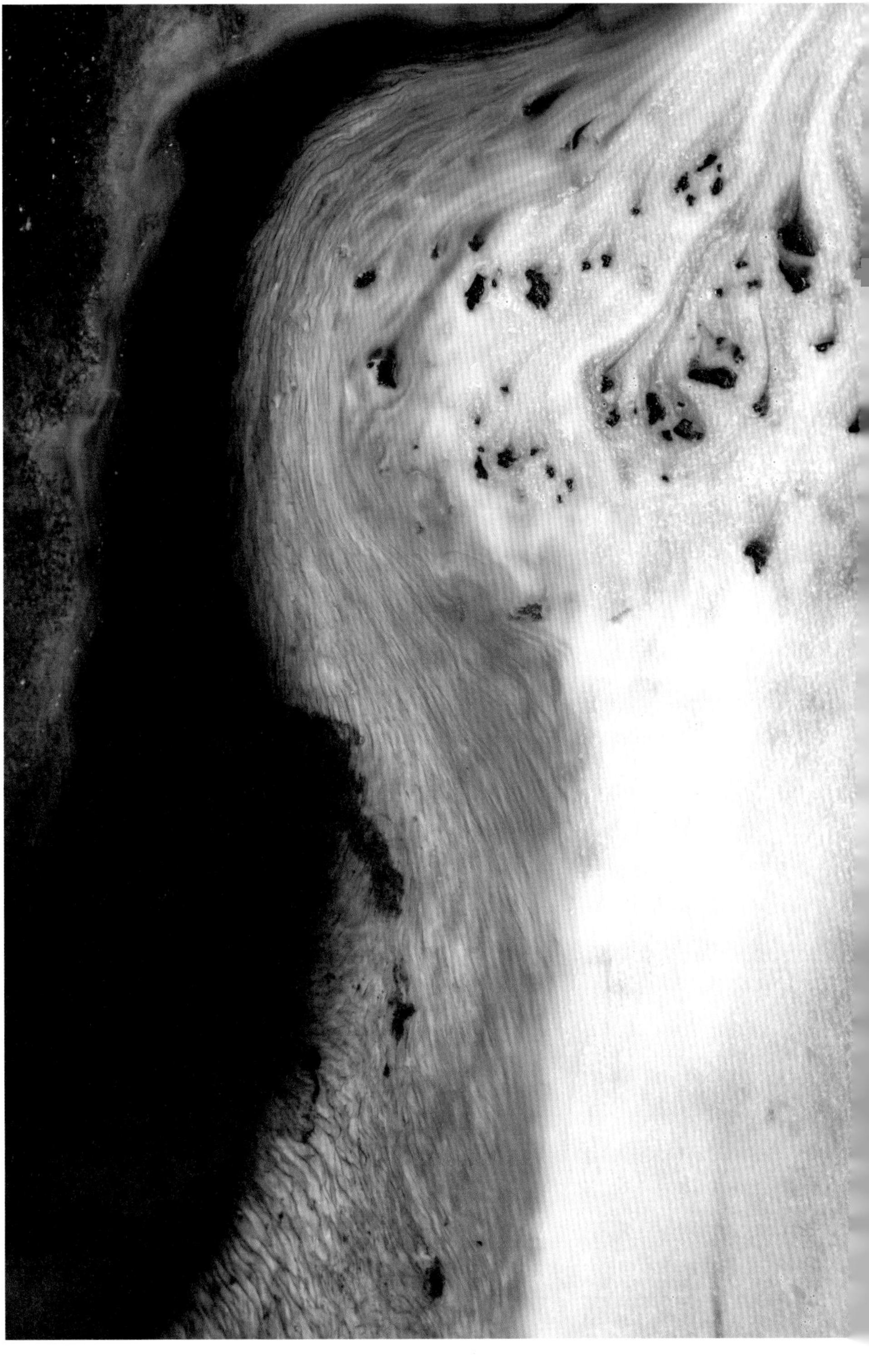

工場の片隅にきちんとたたんだ牛の毛皮が積み上げられている。これらは北海道から届いたものだ。

食肉処理場から出る副産物として、皮は北海道の原皮加工処理工場に引き取られる。そこで皮の内側に付着した肉や脂肪を取り除き、長期に保存できるように塩蔵された状態でタンナーの元へ届く。

主な牛の種類は、ホルスタインや黒毛で、皮は一人では広げることができないほど大きく重量もある。

塩蔵されて届いた一頭の「丸皮」は、鞣しの際に扱いやすいよう背の中央から「半裁」にされる。

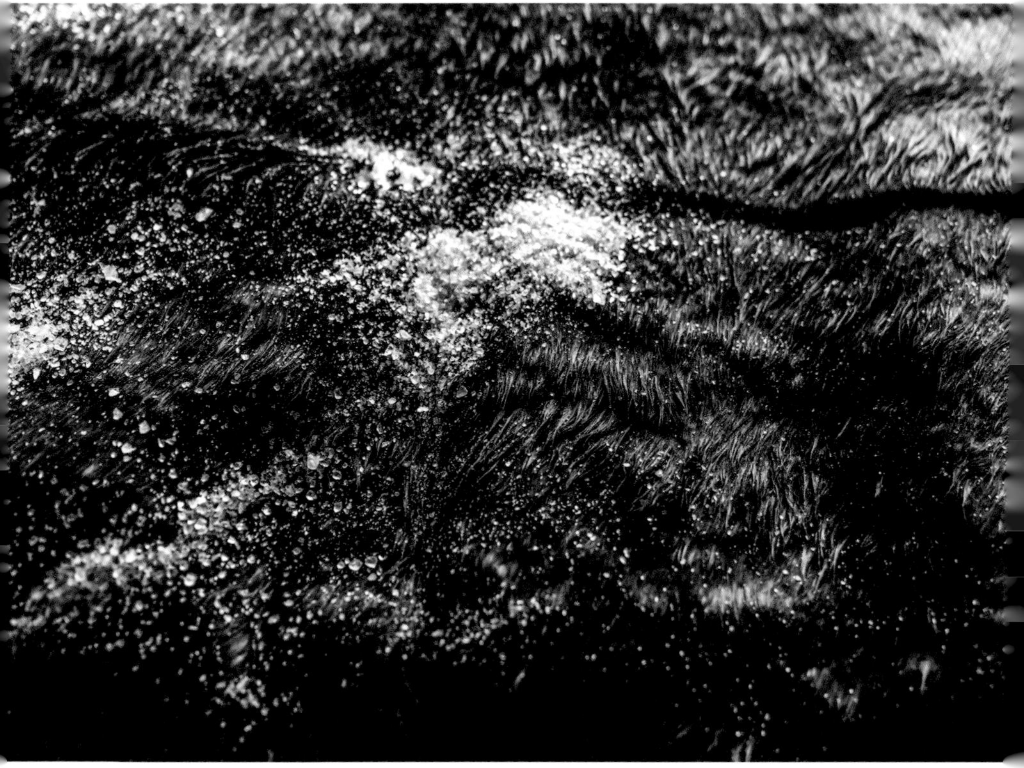

どこの工場にも、背丈よりも大きな「タイコ」が立ち並んでいる。このタイコを回して、例えるなら洗濯機で服を洗うように牛の皮を洗ってきれいにしたり、薬剤を投入して染色を行ったりする。大きなタイコには約100枚もの皮が入るという。

工場ではつねに水しぶきや湯気が上がっており、タイコや皮を操る職人の姿は力強くダイナミックだ。

鞣しの作業を終えてはじめて、「皮」は「革」になる。

OYOTA

5

鞣し終えた革は、牛が生きていた時についた傷の量によって等級付けが行われる。
また、色彩の職人がオーダー通りに色を調合し、吹き付け作業を行う。塗装の工程は1回で終わることはなく、少なくとも2回は行って理想の色に近づけていく。
最後にトップクリアを吹き付けて色落ちを防ぐ。実は、いわゆる「革の良い匂い」は革そのものの匂いではなく、塗料などの化学薬品と混じり合って生まれる匂いなのだ。

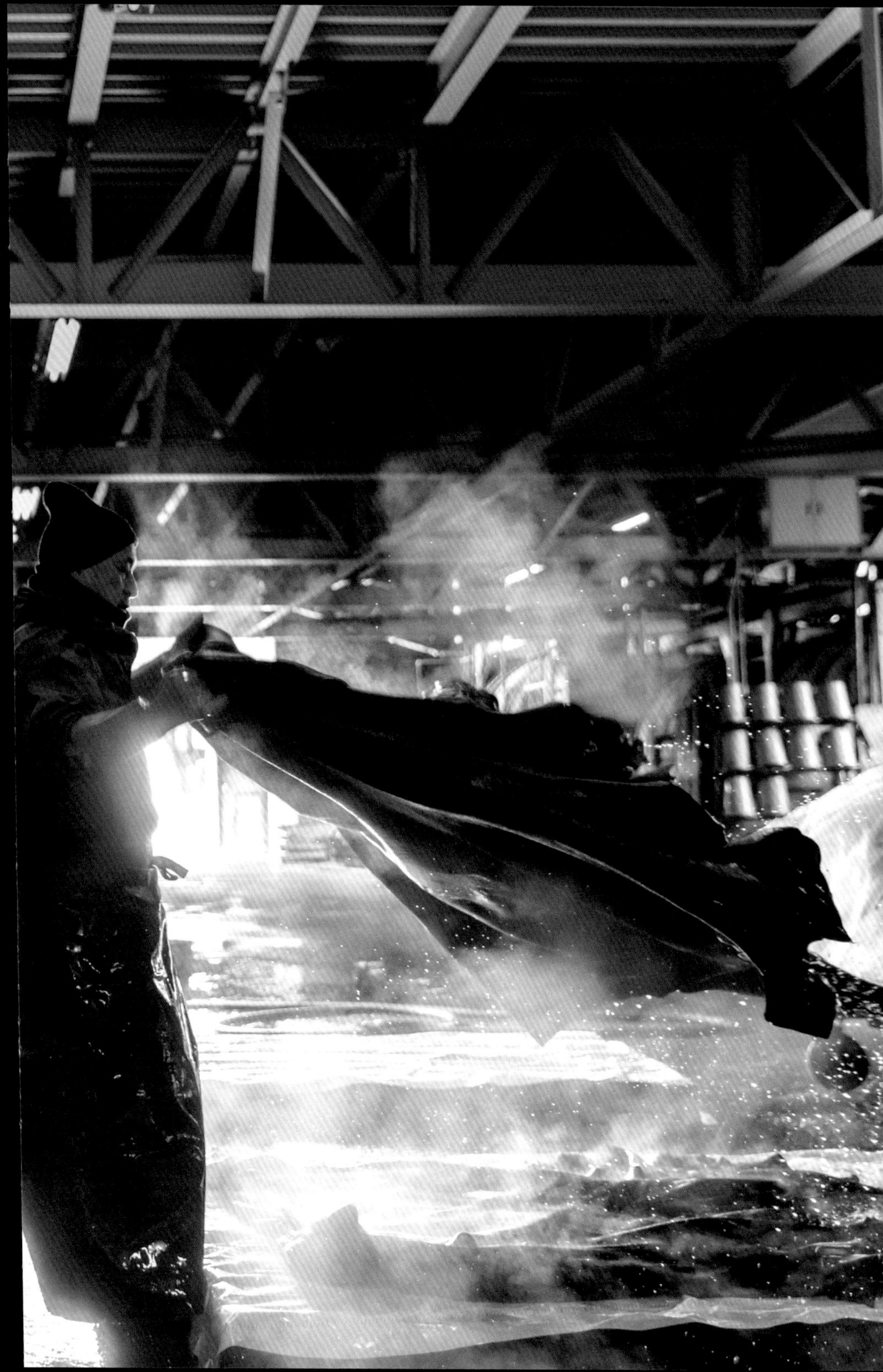

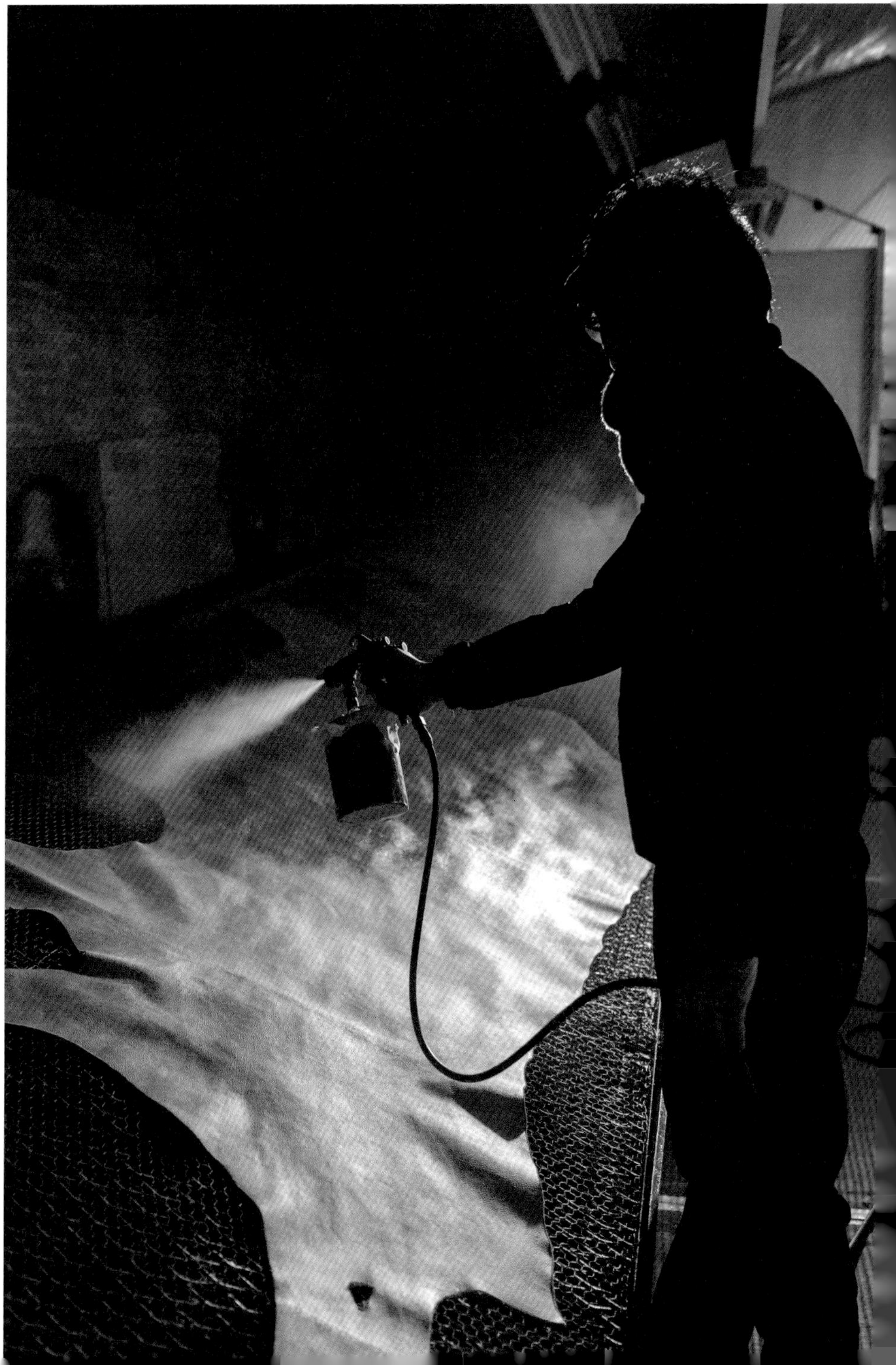

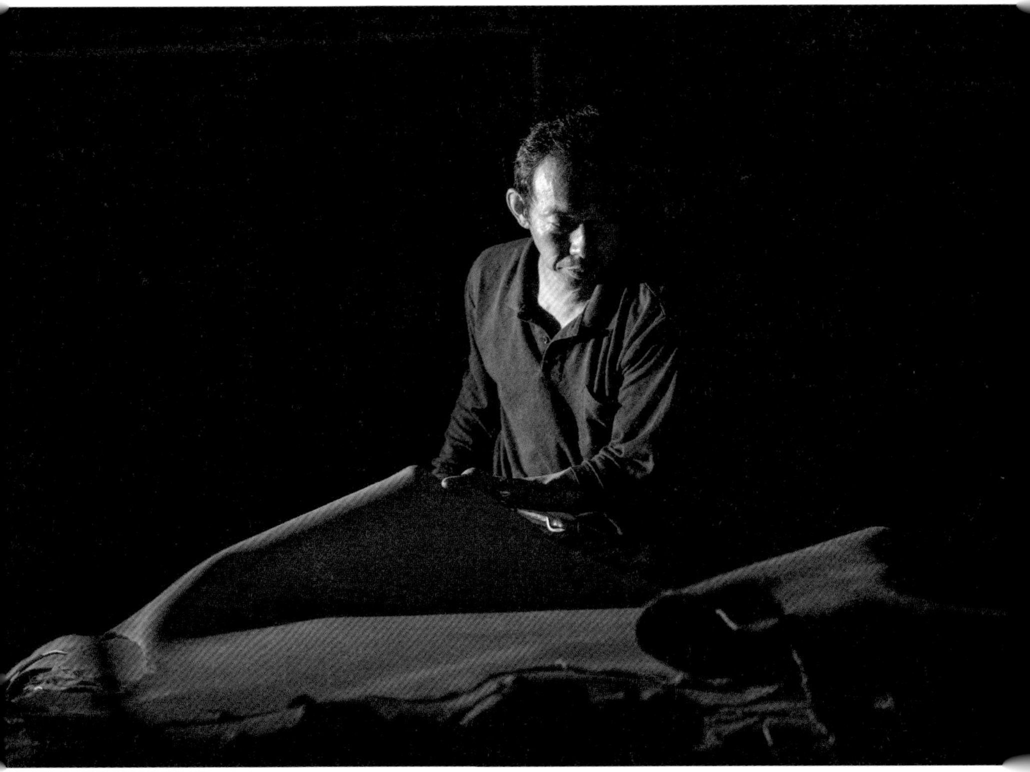

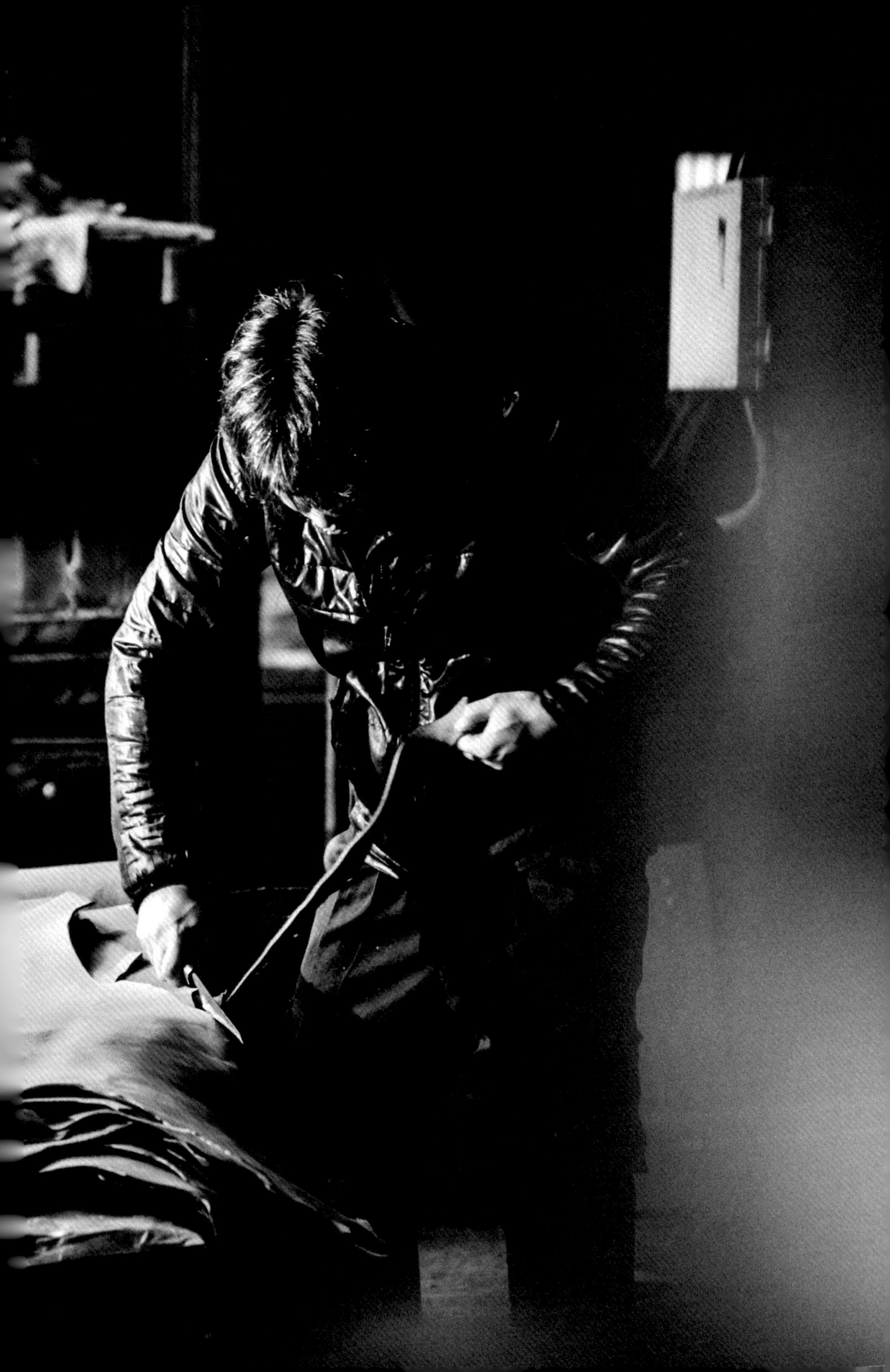

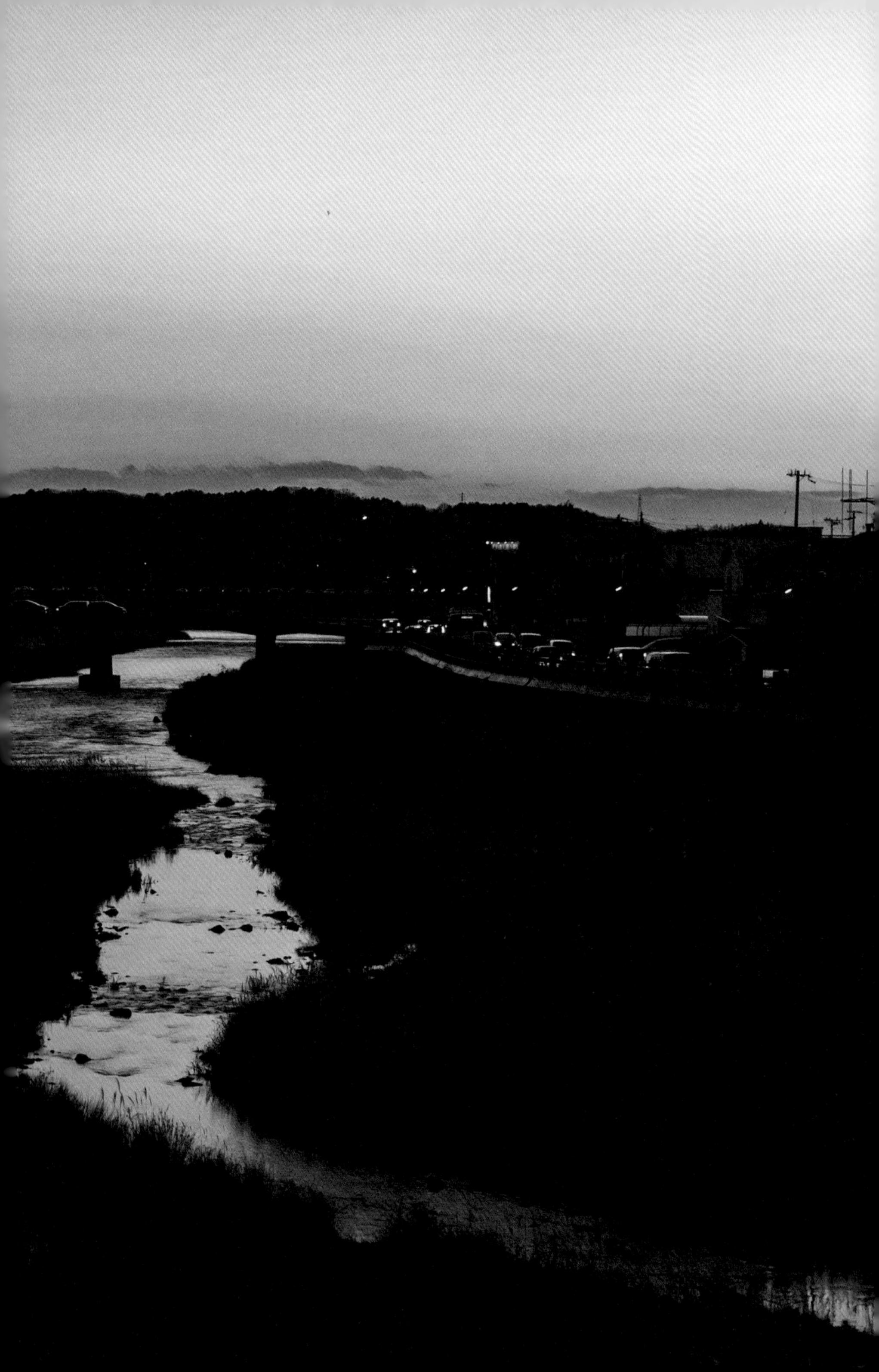

三代続くタンナーに聞く　石本晋也氏インタビュー

私がタンナーであるエルヴェ化成株式会社の石本晋也社長と初めてお会いしたのは2017年4月23日。石本さんを中心に、たつの市の地場産業である皮革産業を発信するため、若手のタンナーが集まり発足した「NPO法人　TATSUNO　LEATHER」の設立記念の撮影を担当したのが事の始まりでした。それまでも何度か皮革に関して取材の機会はありましたが、特にそれ以降、タンナーの工場を撮影させていただくことが増え、取材を続けてきました。皮革産業を積極的にPRする石本さんとはご一緒する機会も多く、今回写真集をまとめるにあたり、インタビューをお願いしました。

上吉川◎石本さんでご家業は三代目だそうですね。どんな歴史があるのでしょうか。

石本◆兵庫県たつの市では、江戸時代から皮革製造の史実が残っています。革づくりに必要な水・気候・塩がそろう場所で、第二次世界大戦後、日本の革素材の大半を生み出す一大産地として発展しました。当社で言うと昭和25年頃から革の仕事をしていたそうですが、本格的には昭和40年にうちのおじいさんの石本菊一が床革《とこがわ》の仕事を始めました。革を断面で見た時の表皮側が「銀付《ぎんつき》革」、内側が「床革」と呼ばれます。タンナーの工場で出る床革を分けてもらって、それを染色する「色床《いろどこ》」と呼ばれる仕事で、これらは主に作業用手袋に使う素材になりました。昔から革の産地だった場所に生まれたので、手っ取り早く始められて稼げる仕事やったんやろうね。場所さえあれば手作業で仕事ができた時代やったし、一日に天然皮革3枚分ほど仕上げれば十分な収入になったと聞いています。平行してスプリッティングマシン（革を銀付革と床革に分ける作業）の仕事も始めて、原皮も売っていたみたいです。昭和56年に海外から床革が安価に大量に入ってくるようになってからは、床革商売に見切りをつけて、今のような牛皮を鞣して銀付革を仕上げる仕事にシフトしました。「タンナー」になったんですね。婦人用ベルトや靴用の革を製造していたのですが、平成7年の阪神淡路大震災で神戸市（長田区）の靴メーカーが被害を受けて、それ以降は鞄や財布などの袋物用革の製造が増加しました。平成12年に菊一が死去し、親父の修一が代表に就任。平成23年から私が三代目の代表を務めています。

上吉川◎ここ、たつの市で皮革産業が盛んなのは、何か理由があるのでしょうか。

石本◆たつの市には3地区に分かれて皮革産業地域があるんです。沢田地区、誉田地区、そしてうちの工場がある松原地区です。全部で120社ほどが皮革製造業を営んでいます。革づくりには大量の水が必要で、林田川という揖保川水系の一級河川沿いにすべての工場があります。発祥についての詳しい文献などは残っていないのですが、川沿いの町というのは災害も多いので差別の対象にされた人々が追いやられるケースが多かったと聞いています。日本では仏教の影響で、はるか昔から表向きには肉を食べることが禁じられていたため、死牛馬の処理に関わっていた人間が差別されてきたみたいやね。でも亡くなった動物とはいえ無駄にはできませんから、仕事は続けないといけない。牛から取れる資源は、文明の発展にも貢献してきました。

上吉川◎差別は今もあるのでしょうか?

石本◆同和問題の対象として扱われることは今も昔も変わりませんが、私自身じかに差別を感じたことはないですね。親父の時代は、就職差別や結婚差別など、ひどいこともあったようですが、だんだん改善されてきたように思います。

ボールやスパイクも牛革からできている

上吉川◎石本さんは、いつからご家業を継ごうと決められたのですか？

石本◆子どもの頃から、牛の皮があることが生活の一部というか当たり前の風景でした。生まれ育った実家も皮革産地にあるので自然と目に入っていたし、親父とおじいさんが営む工場に遊びに行ったりもして、生まれた時から革と一緒に育ちました。今は見られなくなりましたが、林田川の河原に染め上げられた革がずらりと干してあったのが子どもの頃の原風景ですね。小学校2年生でサッカーを始めた時、ボールやシューズが牛革でできていると知って、そこではじめて「両親の仕事はこれだったのか」と、つながりましたね。

　当時、工場に遊びに行ったら大きな牛の皮が動いているのを見るのが楽しかった。動くんですよ、目まぐるしく。人の手から機械へ通したり、機械からまた人の手へ戻ったり、大きなタイコが回ったり、すごい水しぶきが上がったり。そのたびに皮の様子が変わる。それを眺めるのが好きやったね。中学生の頃には染め上げた革を干したり、それを降ろしたりする仕事を手伝っていました。別に親に言われたわけでもなく、手伝ってみたいなって思ったね。お小遣いももらえよったしね（笑）。高校生になってからも暇な時は手伝っていました。

　大学は東京方面で経営学を学んで、卒業後すぐに家業に入りました。ずっと家業を継ごうと思っていたので。親はそれで豊かになったし、この仕事に魅力を感じていました。少年時代の記憶で革づくりの現場の迫力がかっこよく見えていたし、革の匂いや手触り、そのすべてに魅了されていました。

上吉川◎仕事を覚えるのは大変でしたか？

石本◆作業自体は、子どもの頃から手伝っていたし難しいと思うことはなかったかな。仕事が好きやしね。でも、機械化や単純作業だけでは及ばない部分も多くて [illegible]

上吉川◎及ばない部分というのは？

石本◆相手にしている素材は個体差のある生きた動物の皮やからね。その日の温度や湿度で仕上がりが変わってしまうから、「この薬品をこれだけ入れればいい」という単純な話ではないんやね。毎日が同じ作業の繰り返しではないんです。今でも失敗することはあるし、勉強の連続ですね。

上吉川◎昔と今とでは景色は変わりましたか？

石本◆うん、とにかく静かになった。昔は産地を歩くとどこからでも皮革を製造する音が聞こえたから。人の声やマシンの音、革を工場から工場へ運ぶリフトのエンジン音が。それに昔は工場から出る排水で道路が常に濡れていたけれど、今はほとんど乾燥しているしね。あの頃とはまるで違う景色になったなぁ。

皮革産業は24時間稼働している

上吉川◎石本さんの工場での一日の作業は、具体的にどのようなものなのですか？

石本◆まず、北海道や北米から届く塩漬けされた牛の皮（原皮）を水漬けして戻します。塩漬けで水分がなくなっていますから、それに水分を含ませて生きていた時に近い状態に戻すんですね。それから石灰に浸けて脱毛します。その後、まだ毛が抜けただけの皮（「生皮」と呼ぶ）をお客様の希望に合わせて厚みをそろえてくれる業者さんに出して、戻ってきた皮を鞣します。「鞣す」とは、薬品で内部繊維の結合を科学的に強めて、耐熱性、耐久性などを与えることです。ここで初めて、「皮」が「革」に変化します。その革を注文に合わせてまず染色します。革の内部まで大方の色をつけたら、その上に顔料で着色を行い仕上げます。

出来上がった革は厳しい検査を経て出荷します。
うちには16人の従業員がいて、工場は朝の5時から始まり夜の5時まで動いています。分業（外注）になっている工程もあるのでそれを含めるとこの町では24時間365日、革に関する仕事は行われています。

上吉川◎1頭の牛の皮が革になるまで、どのくらいの時間がかかるのですか？

石本◆革の仕上げ方法で大きく差が出ますが、1枚の革が出来上がるまで平均して1ヵ月ほどかかります。当社では、一日約200枚の半裁革を出荷していますので、ひと月に約4000枚、業界全体では2023年のデータで1ヵ月に約72000枚を生産しています。

上吉川◎工場でやはり一番に目に入るのが大きな木製のたる（タイコ）です。タイコにはどんな役割や生産性があるのでしょうか？

石本◆そうですね、タイコはタンナーの象徴ともいえる機械装置です。木製のものが多いですが、金属製のドラム缶形状のタイプを使用する工場もありますね。大きな洗濯機を想像するとわかりやすいと思いますが、大量の水と革と薬品を回転の力でかき混ぜて、鞣しや染色を行うんですね。タイコの内部には10センチ程度の突起物がいくつもあるのですが、それに皮が引っかかったり打ち付けられたりして薬品の浸透が促進されます。タイコの種類や革の種類によって変わりますが、当社のタイコでは大体100枚の丸皮を一度に鞣すことができます。回す時間は約10時間程度です。

上吉川◎水は、革鞣しには欠かせないものなんですよね。

石本◆処理工程と洗浄や排水、衛生上の目的などに大量の水を使用します。原皮から革1キロ（乾燥した半裁革1枚で約3〜5キロ）を作るのに大体64〜112キロの水を使います。同時に大量の薬品を使用するのですが、昔はその工業廃水が林田川とか農業用水路に流れ込んでしまって、林田川と本流である揖保川の水質汚染と悪臭問題が深刻化したんですね。昭和48年頃から、兵庫県とたつの市（旧龍野市）が公共水道事業の一環として皮革工場の排水を処理する前処理場を3地区にひとつずつ建設して対策を行ってくれました。前処理場というのは、公共の下水道に流す前に汚水をある程度きれいにする施設ですね。現在の林田川や揖保川ではアユの遡上が確認されるまでに水質が改善していて、こうした取り組みのもと、国土交通省による「甦る水100選」にも選ばれました。

牛の命のもとにつながっている、この命

上吉川◎創業されてから現在に至るまで、大変だった時期などありましたでしょうか？

石本◆阪神淡路大震災があり、そしてバブル経済が崩壊した後は輸入品が増加しました。皮革製品がもてはやされた時代が終わって、消費動向が急変しましたね。ファッションアイテムのサイクルが短くなったことで高価な革製品の需要が一気に下がりました。合成皮革や安価な海外皮革の登場もそれに拍車をかけて、産業全体の生産量は10分の1になってしまいました。それまでは人気歌手がロングブーツを履けば、それだけで革の需要が爆発するなんていうことも多かった。革が主力製品のブランドも多くて、誰もがブランド物の革製品を身につけているような時代でした。
リーマンショックやハイパーデフレで受注が止まった時も、本当に存続の危機でした。現代において革は、衣食住に関わる必需品ではなくなってしまったんですね。実は自分が入社した時、会社はとても暇だったんです。子どもの頃に憧れたあの目まぐるしい現場がなかった（笑）。
うちは、親父でもある二代目代表が、機械や作業の効率化などの工業化に尽力したものの商品展開や商品開発などのソフト面には手が回っていなかったんですね。

エルヴェ化成株式会社の皆さん（中央が石本さん）

らい注文をきていただいた[illegible]時代[illegible]そこを必死にやりました。お客さんとのやりとりを見直し、商品に足りないモノ、どういう革が必要とされるのかを考え、急な注文にも対応できる体制づくりをしました。特にクイックレスポンス。これが一番重要なんじゃないかなと感じています。

上吉川◎皮革文化を残すことに、真摯に取り組んでいらっしゃるのですね。

石本◆命をいただいていますからね。牛の命のもとにつながっている、この命ですから。我々が扱っているのは、食肉として屠畜された牛の、いわば「副産物」です。消費者の皆さんに気に入ってもらえる革が作れないと、皮は生まれ変わることができません。最近、ＳＤＧｓやサステナビリティの観点から皮革について取り上げられることが多いです。「牛革は食肉処理の副産物を使用していて、命を余すことなく使っている。本革こそ本当のサステナブルな素材なのだ」と。その通りなのですが、残念ながら、だからと言って牛革製品や素材を使おうという人は本当に稀で、消費は増えないんです。その事実を浸透させるにはアイテムとしての魅力を感じてもらうことが必要なのが現実です。

上吉川◎今後、皮革産業はどうなっていくと思われますか。

石本◆これだけ時代の移り変わりの激しい世の中で、現状維持だけでは衰退すると思いますね。毎日改善し続けないといけない。本革に変わる素材の登場に下を向くのではなく、共存できる道を創造しないといけません。衰退の原因はもちろん時代もありますが、業界全体の諦めや見切りの早さにも一因があると思います。従業員の皆にも、「うちの革は○○のブランドに使われているんだよ」と共有して、士気を高めています。

革業界は決して八方ふさがりではない。牛皮は、努力や工夫に応えてくれますからね。

（インタビュー構成　西田恭博）

牛の「皮」が「革」になるまで

01　原皮の入手

原皮は北海道をはじめ、国産の他にアメリカ、オーストラリア、そしてヨーロッパや東南アジアなどからも輸入される。

02　原皮の塩蔵処理

塩蔵の目的は皮の水分を少なくすること。また肉の水分に食塩を飽和させることで細菌の作用から皮を守る役割がある。

03　原皮の水洗い

水洗いして原皮に付着している汚物を取り除く。汚水は適正な処理をしてから下水に放流する。

04　背割り

牛、馬などの大きな革は、作業がしやすいように1頭分を背筋に沿って半分に分ける。工場によっては、分割の工程の後に行われる。

05　脱毛（石灰漬け）

石灰に漬けて皮をふくらませ、毛を毛根から取り除く。脱毛した面、すなわち、スムースな面を「銀面」という。

06　分割（スプリッティング）

分割機（スプリッティングマシン）を用いて製品用途（靴用、鞄用、衣服用など）に応じて、皮を任意の厚みに分割する。

07　鞣し（なめし）

クロム鞣し、植物タンニン鞣しなどの方法で皮に耐熱性や耐薬品性が付与され、耐久性が向上する。鞣すことによって皮が革になる。

08　水絞り

水分を取り除くと同時に革を伸ばす。

09　等級選別

革の表面（銀面）に生体キズなどの欠点が多いか少ないかを見分けて等級づけを行う。

12　セッター（伸ばし）

染色・加脂をした革の過剰な水分を取り除くと同時に革を伸ばす。

11　再鞣し・加脂・染色

用途に合わせて再鞣しをした後、革を染色し、柔軟性を与えるために加脂を行う。

10　シェービング（裏削り）

革製品の用途・目的に応じて革の裏側（肉面）を削って厚みを調整する。

15　ネット張り

革を網板上にトグル張りし、平らな状態にして乾燥させ、その後の工程である仕上げを容易にするために形を整える。

14　バイブレーション

乾燥した革に適度な水分を与えてから、革繊維をほぐして柔らかくする。

13　乾燥

吊り干し乾燥、真空乾燥、ホーロー板や金属板に貼り付けて行う乾燥などの方法がある。その後の工程を考慮して乾燥方法を選択する。

18　塗装作業（手塗り）

用途に応じて、手塗りで色付けをする。

17　塗装作業（機械塗り）

仕上げ作業の一環で、スプレーガンを用いて機械的に色付けをする。

16　バフ（ペーパーがけ）

革の種類によっては、革表面をサンドペーパーで削り取りキズを目立たなくするなど表面をスムースにするものもある。スエードやヌバックなど起毛革用にも利用。

19　塗装作業（スプレー）

希望の色に合わせるため、スプレーで最終的な調整をする。

20　型押し・アイロン

革を伸ばしたり、つやを出す目的でアイロンをかけ、美しさを強調する。また、革にいろいろな模様をつけるために型を押す。

21　計量

革は面積で取り引きされるので、工程の最終段階で面積を計量する。

22　梱包・発送

革を汚さないように荷造りして発送する。

23　製品化

靴・鞄・袋物・財布・衣料・手袋・グローブなどの製品になる。

※工程は国や地域、
工場によって異なります。

写真解説

P1：塩蔵原皮と革。　**P2~3**：たつの市誉田地区。　**P4~5**：塩蔵原皮や生皮が道を行き交う。　**P6~7**：革が行き来する工場の内部。　**P8~9**：仕事終わりのタンナーたち。　**P12~13**：タイコが並ぶ工場内。　**P14~19**：使い込まれた機械の細部にも惹かれる景色がある。　**P21~23**：塩蔵原皮。　**P24**：屠場で枝肉になった牛（その際に副産物として内臓、原皮、油脂などが出る）。　**P25**：原皮に残る塩。　**P26~27**：北海道の工場で原皮を塩蔵する様子。　**P28~29**：水洗いした原皮 100 枚が放出される様子は圧巻だ。　**P30**：長年の経験で正確に包丁を走らせる背割り職人。　**P31**：水を含んだ原皮はとても重たい。　**P33**：タイコに薬品を投入するタンナー。**P34**：染色された革からもうもうと湯気が上がる。　**P35~37**：タイコは豪快に回転し、水しぶきを上げる。**P38**：鞣す前の生皮（脱毛後）。　**P39**：生皮の厚みをそろえる。　**P40~41、P43**：金属性の鞣し剤を使用して鞣した直後の革は青く、「ウェットブルー」と呼ばれる。　**P42**：水を含んだ革を絞る。　**P45~P47**：塗料はオーダーに合わせて厳密に調合される。　**P48~49**：重たい革を振り回しながら広げ、テンポよくタイコから出す。**P50**：植物性の鞣し剤で鞣した革は白い。　**P51**：革を干す。　**P52~53**：乾燥場にずらりと並ぶ革。　**P54**：スプレー塗装機に革を流す。　**P55**：手吹きで塗装を行う。　**P56**：天井に沿って作られた乾燥レール。　**P57**：仕上がった革を拭き上げる。　**P58**：乾燥場に革を運ぶ。　**P59**：仕上がった革を検品する。　**P60~61**：革の余分な部分を断ち落とす「縁断ち」。　**P62~63**：乾燥中の革。　**P64~65**：きちんと片付けられた休日の作業場。**P66~67**：たつの市を縦断する一級河川、揖保川。　**P75**：仕上がった革素材。　**P76~P77**：多くの職人の手を経て革製品が完成する。

あとがき――革製品は生きている

地方に暮らす表現者として、この地域のどんな役に立てるのだろう。そう考えた時、写真で地域の魅力を内外に伝えることだと思った。海外の絶景や全国の素晴らしい風景も見てみたいが、私にとって、地元が一番好きな場所で、もっとも魅力を感じる場所なのだ。

皮革工場は、子どもの頃からよく目にしてはいたが、外から眺めるだけで中に入ったことはなかった。2009年に初めて内部を取材させていただき、それぞれの工程で職人が作業をしている姿に躍動感と迫力を感じ、夢中でシャッターを切った。特に、タイコから染色の終わった革を取り出し、床に投げ出すシーンはお湯の湯気と水しぶきで、ドラマチックに見えた。

その後もさまざまな皮革に関する取材をする中で、2010年の夏に食肉センター（牛の屠畜場）へ撮影に行く機会があった。そこに係留されている牛の表情は、牧場の牛のリラックスしたそれとはまったく違い、涙を流しているようにも見えた。撮影している私に牛たちが何かを訴えかけているようで、私から目をそらさなかった。その時、奪われるいのちの意味を考えることはできなかった。

牛に背を向けるのはとても辛かったが、何年も撮影を続ける中で、自分の手を汚すことなく毎日肉を食べたり、牛革製品を使用していることについて考え続けた。「いただきます、ごちそうさま」を言うことの意味。職人や牛への感謝。食肉から革製品まで、大切ないのちをいただいて生活をしているという事実にあらためて気付かされた。私たち消費者が目にするのは「商品」となった後だが、その過程には多くの人たちが関わっている。

職人たちによってもう一度吹き込まれた「いのち」。革製品は呼吸して生きている。

各工場へ通い始めた頃は、職人の方とは挨拶を交わす程度で、仕事の邪魔にならないように三脚やストロボなどの機材の置き場所などに神経を配って撮影を行っていた。撮影回数を重ねるうちにコミュニケーションを取れるようになり、職人の竹本さんは「最近よう通って来てるなぁ」「今日もかっこよく撮ってな！　マスクを外そか？」と話しかけてくれた。高瀬さんは「今はこの工程の作業をしているから案内するよ」などと優しい言葉をかけてくれるようになった。このような関係を築くまでには、ＮＰＯ法人ＴＡＴＳＵＮＯ　ＬＥＡＴＨＥＲの皆さんとの出会いが大きかった。このＮＰＯ法人はたつの市や日本の皮革産業の魅力を今まで以上に全国や世界に伝え、皮革素材が多くの人々に愛されるよう活動し、地域への恩返しと地場産業の発展に貢献したいと、たつの市の皮革業者の若手が集まった団体だ。メンバーとの交流の中で、さまざまな撮影の機会をもらい、レザーの展示会にも参加させていただくことで、より革についての知識を高めることができた。

昨今、サステナブルやＳＤＧｓといった言葉が聞かれるようになり、環境問題への意識が高まる中、数々のファッションアイテムや生活雑貨に革に代わる素材が使われ始めた。一方で、天然皮革は「動物を殺生している」という言説を見かけることもしばしばだ。国内の皮革産業を牽引する兵庫県で鞣される皮は、食肉のために飼育された牛の「副産物」であり、天然皮革の材料を得るために殺生はしていないことを伝えていきたい。

そして今後も写真という手法で、牛革の世界を追い続けようと考えている。

２０２４年５月　　　上吉川祐一

プロフィール

上吉川祐一（かみよしかわゆういち）

1978年、兵庫県たつの市生まれ。7年間のスタジオ勤務を経て薬師山写真館を設立。ポートレートからドキュメンタリーまで臨場感や空気感を大切にした撮影を行っている。写真展に「いのち 牛革製品ができるまで」（富士フイルムフォトサロン 東京、札幌、大阪）。富士フイルム営業写真コンテストテーマ賞（P71）など受賞歴多数。WPCワールドフォトグラフィックカップ日本代表（ルポルタージュ部門2017、2023年）。公益社団法人 日本写真家協会会員。

≪取材協力≫

cambiare、SAN TAKEMOTO、株式会社T.LEATHER、伊森商店、浦上製革所、エルヴェ化成株式会社、株式会社キタヤ、協立産業株式会社、赤竹工房、大松製造所、株式会社土屋鞄製造所、徳邦皮革加工所、徳永剛三製革所、とくみつ、浪速産業株式会社、福本製革所、福真興産、松岡皮革、森口製革所、株式会社モリヨシ

≪協力≫

NPO法人TATSUNO LEATHER、龍野商工会議所、一般社団法人 日本タンナーズ協会

＊50音順

かわと生きる

2024年6月10日　初版発行

著者　上吉川祐一
編集　高橋佐智子
デザイン・編集協力　西田恭博（aLeo）
プリンティング ディレクション　鈴木利行

発行者　高橋佐智子
発行所　ulus publishing
〒107-0061 東京都港区北青山2-12-42 #206
tel 050-3395-7994
印刷・製本　株式会社誠晃印刷

ISBN 978-4-9913246-1-1